Bibliografische Information der Deutschen Nationalbibliothek:

Die Deutsche Bibliothek verzeichnet diese Publikation in der Deutschen Nationalbibliografie; detaillierte bibliografische Daten sind im Internet über http://dnb.d-nb.de/ abrufbar.

Impressum:

Druck und Bindung: Books on Demand GmbH, Norderstedt Germany
ISBN: 9783668974319

Dieses Buch bei GRIN:

https://www.grin.com/document/489458

Stefan Scharf

Luftfilterwechsel nach Wartungsplan bei Verbrennungsmotoren (Unterweisung Kraftfahrzeugtechniker/in)

GRIN Verlag

Unterweisungskonzept für den Teil IV (Berufs- und Arbeitspädagogik) der Meisterprüfung im Kraftfahrzeugtechniker-Handwerk

Lehrunterweisung: Luftfilterwechsel nach Wartungsplan bei Verbrennungsmotoren

Stefan Scharf

Inhaltsverzeichnis

1. Unterweisungsplan

1.1 Angaben zum Prüfungsteilnehmer

Name des Ausbilders:	Stefan Scharf
Thema der Unterweisung:	Luftfilterwechsel nach Wartungsplan bei Verbrennungsmotoren

1.2 Kurzbeschreibung und Funktionen des Unterweisungsgegenstands

Luftfilter haben die Aufgabe durch hohe Filterwirkung, Verunreinigungen zurückzuhalten und den Motor vor vorzeitigem Verschleiß zu schützen. Ruß, Pollen, Feinstaub und andere Partikel in der Umgebungsluft gelangen dank eines intakten Luftfilters nicht in den Brennraum des Motors.

Der Luftfilter ist dafür zuständig, den Motor mit gereinigter Luft zu versorgen, die für einen einwandfreien Verbrennungsprozess notwendig ist und durch entsprechende Gestaltung des Filtergehäuses die Ansauggeräusche zu dämpfen.

Außerdem trägt ein Luftfilter dazu bei, den Kraftstoffverbrauch und Schadstoffausstoß zu verringern, denn wird der Motor optimal mit Luft versorgt, erfolgt eine optimale Kraftstoffverbrennung. Das ist insbesondere mit Blick auf das Einhalten der Emissionsgrenzwerte ein wichtiger Aspekt.

Aus diesem Grund ist zu empfehlen, den Filter in regelmäßigen Abständen auf dessen Verschmutzungsgrad hin zu kontrollieren und entsprechend zu warten. Auch der Luftfilter weist eine begrenzte Lebensdauer auf und muss nach einer bestimmten Zeit erneuert werden. Das Wartungsintervall variiert dabei jedoch erheblich zwischen den einzelnen Modellen.

1.3 Angaben zum Auszubildenden

Name:	Herr T.
Alter:	16 Jahre
Schulbildung:	Mittlerer Schulabschluss
Motivation:	nach abgeschlossener Ausbildung eine Weiterbildung zum KFZ-Techniker-Meister
Vorkenntnisse:	Keine
Ausbildungsstand:	1.Lehrjahr 6. Monat
Charakterzüge:	Kontaktfreudig, ruhig, freundlich
Hobbies:	Sport, Modellbau
Talente:	Manuell geschickt, schnelle Auffassungsgabe
Berufsschule:	Gute Leistungen

2. Ziele der Lehrunterweisung

2.1 Leitlernziel

Eine Ausbildung zielt darauf ab, dass der Auszubildende die berufliche Handlungskompetenz erlangt und somit die Gesellenprüfung besteht. Die Handlungskompetenz setzt sich zusammen aus der fachlichen, persönlichen, sozialen und methodischen Kompetenz und ermöglicht ihm das erfolgreiche Absolvieren der Ausbildung einschließlich der Vorbereitung auf die Gesellenzeit.

Dazu zählt auch selbstständiges Arbeiten, Denken, Handeln und Kontrollieren. Zudem soll der Auszubildende im Umgang mit Vorgesetzten, Kollegen und anderen Auszubildenden sensibilisiert werden.

2.2 Richtlernziel

Das Richtlernziel nach dem Ausbildungsberufsbild entspricht § 4 Absatz 3 Nr. 4 - Durchführen von Service- und Wartungsarbeiten (siehe Auszug aus der Verordnung über die Berufsausbildung).

2.3 Groblernziel

Das Groblernziel nach dem Ausbildungsrahmenplan entspricht § 4 Absatz 3 Nr. 4 c) - Wartungsarbeiten nach Vorgabe durchführen, insbesondere Betriebsflüssigkeiten kontrollieren, nachfüllen, wechseln und zur Entsorgung beitragen und § 4 Abs. 3 Nr. 4 g) - Wartungs- und Prüfanweisungen anwenden und Wartungsarbeiten durchführen (siehe Auszug aus der Anlage zu § 4)

2.4 Feinlernziel

Das Feinlernziel ist geschafft, wenn der Auszubildende am Ende der Lehrunterweisung einen Luftfilter im Luftfiltergehäuse ersetzen kann. Dabei muss er die geltenden Unfallverhütungsvorschriften berücksichtigen und anschließend die Vorgehensweise erläutern, um zu zeigen, dass er die Unterweisung verstanden hat.

2.5 Operationalisiertes Feinlernziel

Das operationalisierte Feinlernziel ist geschafft, wenn die oben beschriebene Lehrunterweisung selbstständig, sach- und fachlich korrekt in 4 Minuten ausgeführt werden kann.

3. Lernziel- und Verhaltensbereiche

3.1 Kognitives Lernziel

Der Auszubildende soll den Aufbau und die Funktion eines Luftfilters verstanden haben. Er weiß, warum, wie und wann ein Luftfilter in den vorgeschriebenen Intervallen erneuert werden muss und kennt die Unfallverhütungsvorschriften.

3.2 Psychomotorisches Lernziel

Der Auszubildende soll am Ende der Lehrunterweisung das fachgerechte Austauschen eines Luftfilters mithilfe der richtigen Arbeitsmittel beherrschen. Er setzt die Schrittfolge sowie die Unfallverhütungsvorschriften um.

3.3 Affektives Lernziel

Der Auszubildende soll Verantwortungsbewusstsein für ein präzises eigenständiges Arbeiten entwickeln. Außerdem soll er die Unfallverhütungsvorschriften beachten und die Lehrmittel sorgfältig handhaben.

4. Schlüsselqualifikationen

4.1 Methodenkompetenz

Kenntnisse, Fertigkeiten und Fähigkeiten verhelfen dem Auszubildenden dazu, Aufgaben und Probleme zu lösen. Er kann sich geeignete Lösungsstrategien überlegen, sie planen und umsetzen.

4.2 Individualkompetenz

Der Auszubildende lernt die für den Beruf notwendigen Arbeitsabläufe kennen und die dabei entstehenden Probleme allein zu bewältigen. Außerdem erhält er einen tieferen Einblick in seinen gewählten Beruf und kann an den vielfältigen Tätigkeiten und Problemen wachsen.

4.3 Sozialkompetenz

Der Auszubildende setzt sein Können verantwortungsbewusst ein und hilft damit, die Umwelt zu schützen.

4.4 Fachkompetenz

Der Auszubildende hat die fachlichen Fertigkeiten im Arbeitsalltag permanent anzuwenden, die er durch die Unterweisung erlangt. Obendrein benötigt er diese Kenntnisse für die Zwischen- und Abschlussprüfung.

5. Organisatorische Rahmenbedingungen zur Unterweisung

5.1 Unterweisungsort und Dauer

Unterweisungsort:	Unterrichtsraum
Hinweis:	Für die Unterweisung wurde der Luftfilter vorher ausgebaut
Dauer:	ca. 15 Minuten

5.2 Ausbildungsmittel

- persönliche Schutzausrüstung : Arbeitskleidung, Arbeitsschuhe
- Arbeitsschutzhandschuhe
- Werkzeug: Schraubendreher
- neuer Luftfiltereinsatz (Mahle LX 167), Tischunterlage
- evtl. feuchte Tücher zum Auswischen des Luftfiltergehäuses
- Verbandskasten

6. Unfallverhütungsvorschriften

Zu Beginn der Ausbildung ist der Auszubildende über folgende Sicherheitsbestimmungen aufzuklären:

- Gefahren bei seiner Arbeit bzw. an seinem Arbeitsplatz
- Unfallverhütungsvorschriften für seine Tätigkeit und seinen Arbeitsplatz
- bereitgestellte Schutzausrüstungen und deren Umgang
- Maßnahmen zur Vermeidung von Gefahren und Unfällen
- Standort nächster Feuerlöscher und Art und Weise ihres Einsatzes
- vorhandene Rettungswege
- Sicherheitsbeauftragter im Betrieb und dessen Erreichbarkeit

In dieser Lehrunterweisung „Wechseln eines Luftfilters" ist es dringend notwendig, Arbeitskleidung und Arbeitsschuhe zu tragen.
Genauso wichtig ist es, vor dem Beginn der Arbeit den Schmuck abzulegen und keine weite Kleidung zu tragen, da sich diese Dinge in drehende oderrotierende Bauteile verfangen könnten.

Um sich vor scharfkantigen Bauteilen und gesundheitsgefährdenden Betriebsstoffen zu schützen, ist es auch unabdingbar, Schutzhandschuhe zu tragen.

7. Arbeitszergliederung

	Was mache ich?	Wie mache ich es? (Womit)	Warum mache ich es?
1.	Flügelmuttern losschrauben und abnehmen	Mit Händen	Um Luftfilter vom Vergaser zu lösen
2.	Schraubendreher unter die Schlitze des Deckels einsetzen und Deckel abdrücken und abnehmen	Mit Händen Mit Schraubendreher	Um den Luftfilterdeckel zu entfernen
3.	Filtereinsatz herausheben	Mit Händen	Um Filtereinsatz zu erneuern
4.	Alten Filtereinsatz entsorgen	Mit Händen	Weil er stark verschmutzt ist und nicht gereinigt werden kann
5.	Überprüfen des Luftfiltergehäuses auf Verunreinigungen	Optisch	Um eine optimale Verbrennung zu garantieren
6.	Bei Verunreinigungen Luftfiltergehäuse gründlich reinigen, z.B. mit feuchten Tüchern	Mit Händen Mit feuchten Tüchern	Um eine optimale Verbrennung zu garantieren
7.	Einsetzen des neuen Filtereinsatzes	Mit Händen	Um eine optimale Verbrennung zu garantieren
[illegible]	[illegible]	Optisch Mit Händen	Damit der Luftfilter fehlerfrei arbeiten kann
9.	Deckel aufsetzen und richtig einrasten	Mit Händen	Um den Luftfiltereinsatz zu schützen
10.	Dabei beachten, beim Aufsetzen des Deckels muss der Pfeil am Deckel mit der Führung am Filtergehäuse in einer Linie liegen	Optisch Mit Händen	Um den Deckel korrekt anzubringen
11.	Darauf achten, dass der Dichtring sich einwandfrei in der Rille an der Unterseite des Deckels befindet	Optisch Mit Händen	Um den Deckel korrekt anzubringen
12.	Flügelmuttern wieder anbringen und handfest anziehen	Mit Händen Mit Schraubendreher	Um den Luftfilter zu verschließen

8. Unterweisung

8.1 Gewählte Unterweisungsmethode und ihre Vorteile

Gewählte Unterweisungsmethode: Vier-Stufen-Methode

Vorteile:

1. sie eignet sich besonders zum Erlernen manueller Tätigkeiten, z.B. bestimmter Arbeitsabläufe (psychomotorischer Lernbereich)
2. Methode eignet sich besonders zu Beginn der Ausbildung, da sie wenig Vorkenntnisse voraussetzt
3. es werden alle Lernbereiche angesprochen, dadurch nachhaltiger Lerneffekt
4. Ausbilder macht richtige Handhabung in kleinen Schritten vor, so lernt Auszubildender theoretische und praktische Schritte und kann diese sofort umsetzen
5. mögliche Fehler können sofort korrigiert werden
6. Verinnerlichung der Arbeitsabläufe durch wiederholtes Üben
7. bewährte Lehrmethode und einfache Handhabung

8.2 Anwendung der gewählten Methode

1. Stufe – Vorbereiten und Motivieren (Einführungsphase)

Lehrinhalt	Begründung	Wie?
-Begrüßung, kurzes persönliches Gespräch	Kontaktaufnahme, Angst nehmen	-Gespräch
Bekanntgabe des Unterweisungsthemas und Ziel	Fasslichkeit herstellen	Nennen des Themas/Ablaufsder Unterweisung
Motivieren	Begeisterung durch Aufzeigen der Einsatzmöglichkeiten herstellen	kurze Aufzählung
Hinweise und Überprüfung der UVV	Verletzungen sollen vermieden werden	-Sichtkontrolle der Arbeits-Kleidung -Gefahren aufzeigen
Vorstellung des Arbeitsplatzes	Vertrautheit herstellen	Erläutern des Modells

2. Stufe – Vormachen und Erklären (Demonstrationsphase)…Dauer ca. 5 -7 min.

Lehrinhalt	Begründung	Wie?
Vorführen und Erklären des Arbeitsablaufs	Zum Vermitteln des Arbeitsablaufs	-Vormachen und Erklären des Arbeitsablaufs -UVV
Qualitätskriterien erläutern	-Kenntnis der Qualitätsmerk-Male macht eigene Beurteilung möglich	Kurze Aufzählung
Feedback geben lassen	Prüfen ob Lerninhalt vermittelt wurde -Unklarheiten beseitigen	-Fragen stellen und stellen lassen

3. Stufe – Nachmachen und erklären lassen (Reproduktionsphase)

Lehrinhalt	Begründung	Wie?
Erstausführung des Azubis	-Erarbeitung der psychomotorischen Fähigkeit -Förderung der Selbstständigkeit	-Azubi nicht zu schnell und dabei erklären lassen -Beobachtung des Ablaufs und bei Fehlern eingreifen -UVV beachten
Qualitätskontrolle	Azubi kann Qualitätskriterien Beurteilen und bewerten	Azubi nennt an durchgeführter Arbeit Qualitätsmerkmale
Azubi hat Arbeitsablauf verstanden	Verständnisprobe	Vorhandene Fragen des Azubis klären

4. Stufe – Üben und Festigen (Übungs- und Transferphase)

Lehrinhalt	Begründung	Wie?
Gelegenheit zum Üben geben	Das Üben soll Arbeitsschritte verinnerlichen	Azubi übt Vorgang selbstständig bis das Feinlern-Ziel erreicht ist
Übungen und Arbeitsverhalten kontrollieren	Entwicklung des Azubis nach-vollziehen -Motivation aufrecht erhalten	-Beobachten, kontrollieren -Übungsfortschritte anerkennen
Lernerfolgskontrolle	Lernerfolg ermitteln	Erneut zeigen lassen
Nachweis der Lernunterweisung	Notwendig für Gesellenprüfung	Hinweis auf den Eintrag ins Berichtsheft geben
Ziel der Lehrunterweisung nennen	Zielsetzung und Orientierung geben	auf Übungsphase hinweisen
Thema nächster Unterweisung nennen	-Motivation fördern -Orientierung schaffen	Thema nennen

9. Lernerfolgskontrolle

1. Welche Funktionen hat ein Luftfilter?

2. Was ist beim Aus- und Einbau eines Luftfilters zu beachten?

3. Was müssen für Schutzmaßnahmen bei einem Luftfilterwechsel eingehalten werden?

4. Nach welchen Kriterien richtet sich ein Luftfilterwechsel?

5. Was passiert, wenn man den Luftfilter nicht regelmäßig auswechselt?

10. Anhänge

10.1 Quellenangabe

- Sackmann IV, 42. Auflage
- Bundesinstitut für Berufsbildung
- Bild vom Deckblatt siehe Seite:

https://www.amazon.de/Revell-07092-Modellbausatz-MiniCooper-Ma%C3%9Fstab/dp/B0073XSVX0/ref=sr_1_4?ie=UTF8&qid=1544644645&sr=8-4&keywords=revell+mini

10.2 Handout für den Auszubildenden „Luftfilter wechseln“

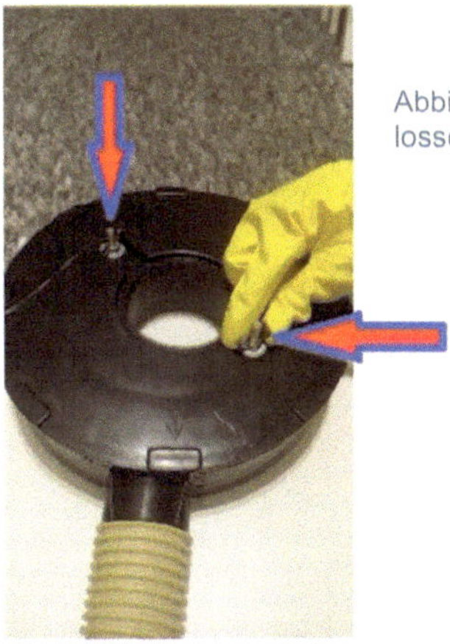

Abbildung 1 Flügelmuttern losschrauben und abnehmen

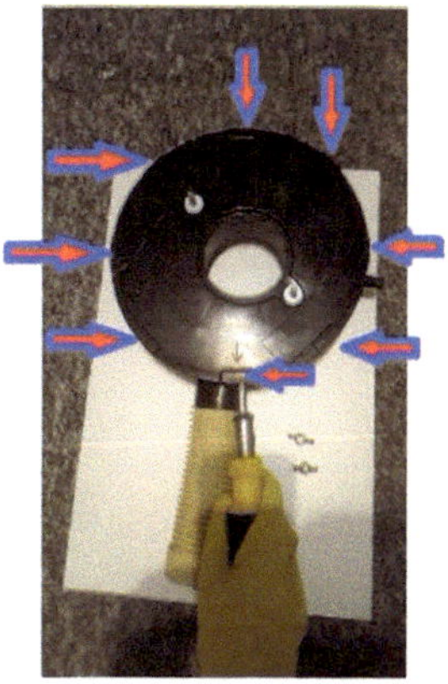

Abbildung 2 Schraubendreher unter die Schlitze des Deckels einsetzen

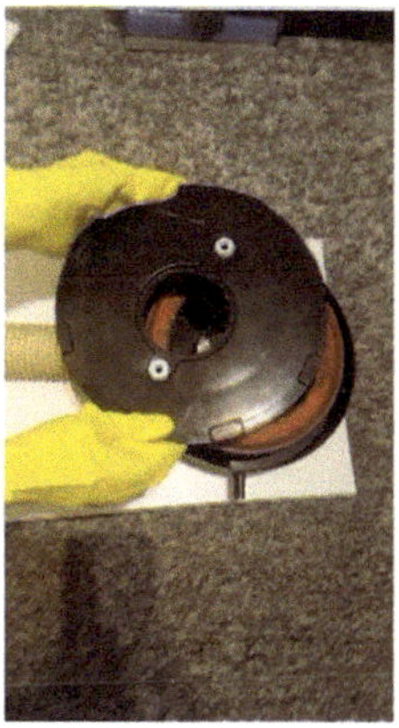

Abbildung 3 Deckel abdrücken und abnehmen

Abbildung 4 Alten Filtereinsatz herausheben und entsorgen

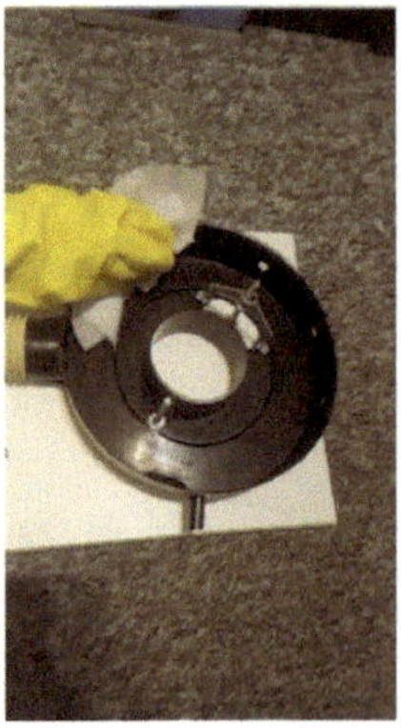

Abbildung 5 Überprüfen des Luftfiltergehäuses auf Verunreinigungen und ggf. gründliche Reinigung mit feuchten Tüchern

Abbildung 6 Einsetzen des neuen Filtereinsatzes

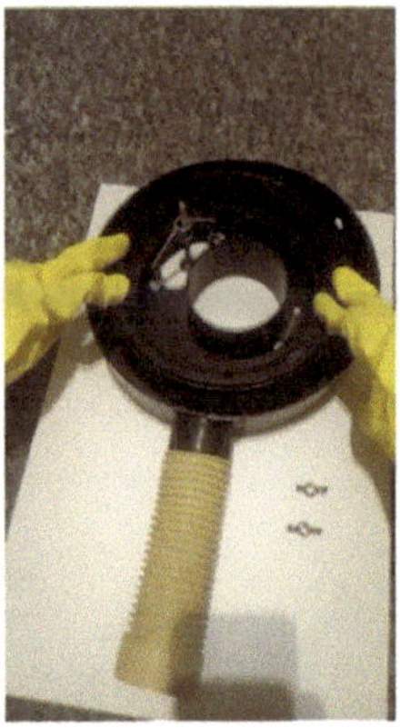

Abbildung7 Darauf achten, dass der Dichtring sich einwandfrei in der Rille an der Unterseite des Deckels befindet7

Abbildung 8 Prüfen des Einsatzes auf korrekten Sitz

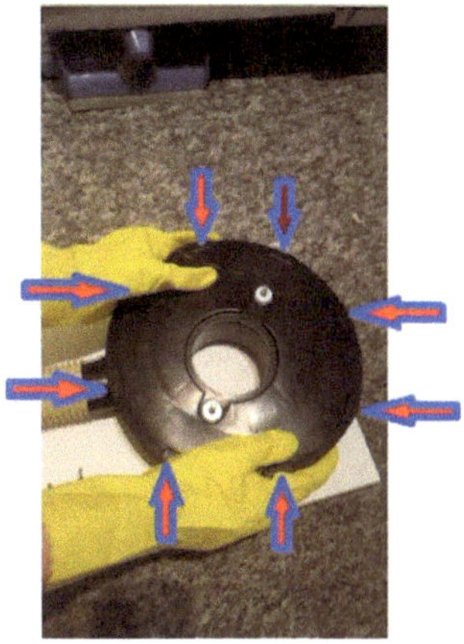

Abbildung 9 Deckel aufsetzen und richtig einrasten

Abbildung 10 Dabei beachten, beim Aufsetzen des Deckels muss der Pfeil am Deckel mit der Führung am Filtergehäuse in einer Linie liegen

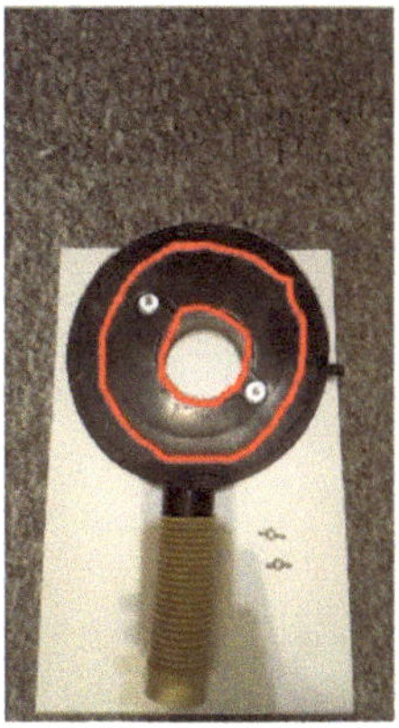

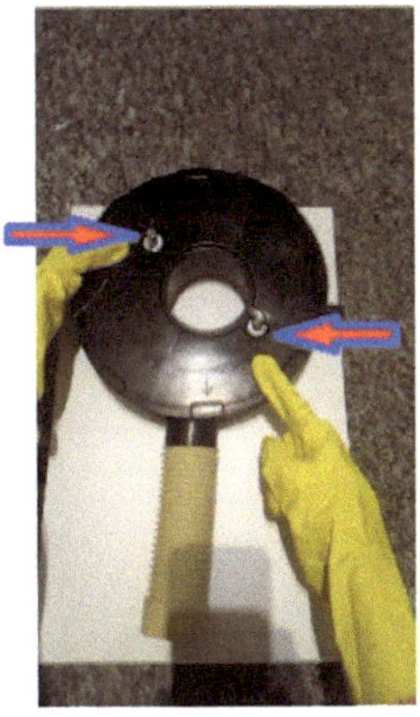

Abbildung 11 Flügelmuttern wieder anbringen und handfest anziehen

Verordnung über die Berufsausbildung zum Kraftfahrzeugmechatroniker und zur Kraftfahrzeugmechatronikerin*

Vom 14. Juni 2013

Auf Grund des § 4 Absatz 1 in Verbindung mit Absatz 4 und mit § 5 des Berufsbildungsgesetzes, von denen § 4 Absatz 1 durch Artikel 232 Nummer 1 der Verordnung vom 31. Oktober 2006 (BGBl. I S. 2407) geändert worden ist, und auf Grund des § 25 Absatz 1 Satz 1 der Handwerksordnung, der zuletzt durch Artikel 146 der Verordnung vom 31. Oktober 2006 (BGBl. I S. 2407) geändert worden ist, verordnet das Bundesministerium für Wirtschaft und Technologie im Einvernehmen mit dem Bundesministerium für Bildung und Forschung:

§ 1
Staatliche Anerkennung des Ausbildungsberufes

Der Ausbildungsberuf des Kraftfahrzeugmechatronikers und der Kraftfahrzeugmechatronikerin wird staatlich anerkannt

1. nach § 4 Absatz 1 des Berufsbildungsgesetzes und
2. nach § 25 der Handwerksordnung zur Ausbildung für das Gewerbe Nummer 20, Kraftfahrzeugtechniker, der Anlage A der Handwerksordnung.

§ 2
Dauer der Berufsausbildung

Die Ausbildung dauert dreieinhalb Jahre.

§ 3
Struktur der Berufsausbildung

Die Berufsausbildung gliedert sich in gemeinsame Ausbildungsinhalte und die Ausbildungsinhalte in einem der Schwerpunkte

1. Personenkraftwagentechnik,
2. Nutzfahrzeugtechnik,
3. Motorradtechnik,
4. System- und Hochvolttechnik oder
5. Karosserietechnik.

§ 4
Ausbildungsrahmenplan, Ausbildungsberufsbild

(1) Gegenstand der Berufsausbildung sind mindestens die im Ausbildungsrahmenplan (Anlage) aufgeführten Fertigkeiten, Kenntnisse und Fähigkeiten (berufliche Handlungsfähigkeit). Eine von dem Ausbildungsrahmenplan abweichende Organisation der Berufsausbildung ist insbesondere insoweit zulässig, als betriebspraktische Besonderheiten die Abweichung erfordern.

(2) Die Berufsausbildung zum Kraftfahrzeugmechatroniker und zur Kraftfahrzeugmechatronikerin gliedert sich in

1. Berufsprofilgebende Fertigkeiten, Kenntnisse und Fähigkeiten,
2. Integrative Fertigkeiten, Kenntnisse und Fähigkeiten.

(3) Berufsprofilgebende Fertigkeiten, Kenntnisse und Fähigkeiten sind:

1. Bedienen von Fahrzeugen und Systemen,
2. Außer Betrieb nehmen und in Betrieb nehmen von fahrzeugtechnischen Systemen,
3. Messen und Prüfen an Systemen,
4. Durchführen von Service- und Wartungsarbeiten,
5. Diagnostizieren von Fehlern und Störungen an Fahrzeugen und Systemen,
6. Demontieren, Reparieren und Montieren von Bauteilen, Baugruppen und Systemen,
7. Durchführen von Untersuchungen an Fahrzeugen nach rechtlichen Vorgaben,
8. Aus-, Um- und Nachrüsten von Fahrzeugen.

(4) Integrative Fertigkeiten, Kenntnisse und Fähigkeiten sind:

1. Berufsbildung, Arbeits- und Tarifrecht,
2. Aufbau und Organisation des Ausbildungsbetriebes,
3. Sicherheit und Gesundheitsschutz bei der Arbeit,
4. Umweltschutz,
5. Betriebliche und technische Kommunikation,
6. Planen und Vorbereiten von Arbeitsabläufen sowie Kontrollieren und Bewerten von Arbeitsergebnissen,
7. Durchführen von qualitätssichernden Maßnahmen.

§ 5
Durchführung der Berufsausbildung

(1) Die in dieser Verordnung genannten Fertigkeiten, Kenntnisse und Fähigkeiten sollen so vermittelt werden, dass die Auszubildenden zur Ausübung einer qualifizierten beruflichen Tätigkeit im Sinne von § 1 Absatz 3 des Berufsbildungsgesetzes befähigt werden, die insbesondere selbstständiges Planen, Durchführen und Kontrollieren einschließt. Diese Befähigung ist auch in Prüfungen nach den §§ 6 bis 8 nachzuweisen.

(2) Die Ausbildenden haben unter Zugrundelegung des Ausbildungsrahmenplans für die Auszubildenden einen Ausbildungsplan zu erstellen.

* Diese Rechtsverordnung ist eine Ausbildungsordnung im Sinne des § 4 des Berufsbildungsgesetzes und des § 25 der Handwerksordnung. Die Ausbildungsordnung und der damit abgestimmte von der Ständigen Konferenz der Kultusminister der Länder in der Bundesrepublik Deutschland beschlossene Rahmenlehrplan für die Berufsschule werden demnächst im amtlichen Teil des Bundesanzeigers veröffentlicht.

Lfd. Nr.	Teil des Ausbildungsberufsbildes	Zu vermittelnde Fertigkeiten, Kenntnisse und Fähigkeiten	in Wochen im	
			1. bis 18. Monat	19. bis 42. Monat
1	2	3	4	
		g) Längen, insbesondere mit Messschiebern, Messschrauben und Messuhren messen, Einhaltung von Toleranzen und Passungen prüfen h) Werkstücke mit Winkeln, Grenzlehren und Gewindelehren prüfen i) physikalische Größen, insbesondere Drücke und Temperaturen messen und prüfen j) Prüfergebnisse dokumentieren		
		k) Funktion von Schutz- und Potenzialausgleichsleitern prüfen und beurteilen l) Isolationswiderstände messen und beurteilen		2
4	Durchführen von Service- und Wartungsarbeiten (§ 4 Absatz 3 Nummer 4)	a) Arbeits- und Sicherheitsregeln sowie Herstellerrichtlinien beim Transport und beim Heben anwenden b) Fahrzeuge, Baugruppen und Systeme bewegen, abstellen, anheben, abstützen und sichern c) Wartungsarbeiten nach Vorgabe durchführen, insbesondere Betriebsflüssigkeiten kontrollieren, nachfüllen, wechseln und zur Entsorgung beitragen d) mechanische und elektrische Bauteile, Baugruppen und Systeme auf Verschleiß, Beschädigungen, Dichtheit, Lageabweichungen und Funktionsfähigkeit prüfen e) Schalt- und Funktionspläne anwenden, hydraulische, pneumatische und elektrische Leitungen, Anschlüsse und mechanische Verbindungen prüfen f) Drücke an pneumatischen und hydraulischen Systemen messen und einstellen g) Wartungs- und Prüfanweisungen anwenden und Wartungsarbeiten durchführen h) Funktionskontrollen durchführen und Fehlerspeicher auslesen i) Arbeitsschritte sowie Prüf- und Messergebnisse dokumentieren	14	
		j) Einstellarbeiten an Fahrzeugen und Systemen vornehmen k) Prüf- und Messprotokolle erstellen und interpretieren		4
5	Diagnostizieren von Fehlern und Störungen an Fahrzeugen und Systemen (§ 4 Absatz 3 Nummer 5)	a) Kundenbeanstandungen nachvollziehen, Funktionskontrolle durchführen und Diagnosewege festlegen b) Schäden und Funktionsstörungen an mechanischen, elektrischen, elektronischen, mechatronischen, pneumatischen, hydraulischen und vernetzten Systemen von Fahrzeugen und deren Komponenten feststellen c) Fehler und deren Ursachen mit Hilfe von Stromlauf- und Funktionsplänen bestimmen d) Prüfprotokolle erstellen und Ergebnisse dokumentieren e) Bordnetz-, Ladestrom-, Start- und Beleuchtungssysteme prüfen, beurteilen und nach Kundenwünschen parametrieren, Ergebnisse dokumentieren	8	